中等职业学校以工作过程为导向课程改革实验项目

电气运行与控制专业核心课程系列教材

电梯运行管理与维修工作页

主　编　李忠生

副主编　白崇彪

主　审　梁洁婷　王贯山

机械工业出版社

项目一
垂直电梯主要项目的半月维护与保养

任务一　制作电梯部件标签

姓名：　　　　班级：　　　　学号：　　　　同组人：

※任务描述※

为了更快地认识电梯，结合电梯结构，制作电梯标签。

一、工作准备

读一读

电梯保养检修的安全常规

1）保养检修人员必须经过严格的技术和安全考核后，方能进行独立操作。对电梯进行保养检修时必须有两人配合进行（必要时可有多人配合），其中一人为主，另一人为辅。

2）对电梯进行保养检修时应该在各层门口悬挂"检修停用"的标志。当进入机房工作时，应先将电源总开关切断，并挂上"有人工作切勿合闸"的警告牌。

3）保养检修人员在轿顶工作时，应将轿顶安全钳联动开关断开，或将轿顶检修箱上的急停开关断开。在底坑工作时，应将限速器张紧装置上的安全开关断开。

4）严禁保养检修人员在井道外探身到轿顶、轿厢内或在轿厢和层门之间各站一只脚进行保养检修工作。

5）保养检修人员必须穿戴符合要求的工作服、工作帽和绝缘鞋。所用的工具必须是完好无缺陷的，严禁使用不合格的工具。如果必须进行带电操作时，应有人在旁监督并做好应急措施。

6）电梯在进行保养检修时不准载货或载有乘客。

7）电梯检修人员在工作中所使用的手持照明电压应为36V。

想一想

1. 电梯机房有哪些部件？

2. 电梯轿厢有哪些部件？

3. 电梯井道有哪些部件？

4. 电梯底坑有哪些部件？

备一备

备齐标签、笔、胶水。

二、计划与实施

1. 机房设备标签的制作与粘贴。
2. 轿厢设备标签的制作与粘贴。
3. 井道设备标签的制作与粘贴。
4. 层站设备标签的制作与粘贴。

三、评价反馈（见表1-1）

表1-1　制作电梯标签评价表

评价项目	评价内容	参考分	评分标准	自评	互评	师评
粘贴标签前的检查	检查现场安全措施是否到位	10	没做安全防护措施,此项为0分			
粘贴电梯机房设备标签	叙述电梯机房设备名称,粘贴机房设备标签	10	能准确独立叙述电梯机房设备名称并能正确粘贴标签,10分 在提示下,能叙述电梯机房设备名称并能正确粘贴标签,5分 在提示下,不能叙述电梯机房设备名称,0分			

评价项目	评价内容	参考分	评分标准	自评	互评	师评
粘贴电梯轿厢设备标签	叙述电梯轿厢设备名称,粘贴轿厢设备标签	20	能准确独立叙述电梯轿厢设备名称并能正确粘贴标签,20分 在提示下,能叙述电梯轿厢设备名称并能正确粘贴标签,15分 在提示下,不能叙述电梯轿厢设备名称,0分			
粘贴电梯井道设备标签	叙述电梯井道设备名称,粘贴井道设备标签	20	能准确独立叙述电梯井道设备名称并能正确粘贴标签,20分 在提示下,能叙述电梯井道设备名称并能正确粘贴标签,15分 在提示下,不能叙述电梯井道设备名称,0分			
粘贴层站设备标签	叙述电梯层站设备名称,粘贴层站设备标签	10	能准确独立叙述电梯层站设备名称并能正确粘贴标签,10分 在提示下,能叙述电梯层站设备名称并能正确粘贴标签,5分 在提示下,不能叙述电梯层站设备名称,0分			
课堂表现	学习态度与能力;分工合作;语言表达	20	态度端正,学习积极;分工协作,积极参与;正确、清楚地表达观点;认真记录			
教学成果	标签制作、粘贴;工作页报告	10	标签制作规范,粘贴正确;工作页填写齐全、工整			
总分		教师签字:				

任务二 清洁电梯

姓名： 班级： 学号： 同组人：

※**任务描述**※

结合 DB11/418—2007《电梯日常维护保养记录》的要求，对电梯做一次全面的清洁，以便更全面地认识电梯。

一、工作准备

读一读

1. 机房设备的保养与检修

1）对机房控制屏（柜）进行保养与检修时，首先要注意带电部分，特别是在两台以上电梯并联的情况下，即使将电梯总电源切断，其控制屏（柜）上仍有带电部分。

2）当采用毛刷作为工具清除控制屏（柜）上的积灰时，应当将毛刷上的金属部分，用绝缘物包裹起来，防止触电或造成器件之间短路拉火伤人。

3）在对控制屏（柜）调换较多电器元件后，为了检查调试控制屏（柜）工作的正确性，应将驱动电动机的电源和制动器电源断开，以免发生轿厢误动作，从而造成设备人员伤亡事故。

4）全面清洁检查选层器时，保养检修人员应在机房让电梯做慢速运行，如发现钢带有断齿、裂痕，应及时修复或更换。

5）保养检修人员在对曳引机组进行全面清洁加油时，应在电梯停驶的情况下进行。严禁在电梯运行时对电动机两端盖轴承注油（防止飞轮和制动盘伤手或有异物落在电动机内）。

6）全面清洁、检查制动部件时，有时需将部件拆下，这时应让电梯对重沉底，同时轿厢内不准载有重物，不准有人员进出，防止发生意外。

7）在检查蜗轮蜗杆啮合及油质时，应在电梯静止状态下进行。特别要防止在电梯运行时打开窥视孔盖采取油样。蜗轮蜗杆对因轴向传动而需拆下轴承盖调整垫片厚度时，应在电梯对重沉底、制动抱闸后再进行。

8）在用汽油、甲苯等易燃物对电动机内部及其他部件的油污进行清洗时，严禁有明火接近。工作完毕后，必须要在汽油、甲苯完全挥发后再让电梯运行。

9）直流电动机的换向器因与电刷接触不良而造成麻点发黑后，用细砂布修光时应在电动机正常运转后，而不要在电动机起动的瞬间进行。磨砂时应顺其运转方向，而不要逆向进行，防止弄伤手指或遭电击。

2. 井道设备的保养与检修

1）在对大小导轨加油时，应让电梯慢速运行，不准用手抓润滑脂对导轨进行涂抹，特别是给对重导轨加润滑脂。如果小导轨在轿厢后面，则必须注意头和脚不要超出轿厢边沿；如果小导轨在轿厢侧面，不准伸手越过轿顶梁。

2）检查干管和感应板以及井道内各种开关是否可靠灵活时，应注意头、手、脚不要伸出轿厢边沿，同时，检查时电梯应开慢车运行和有足够亮度的照明。

3. 层门的保养与检修

1）全面清洁检查层门时，如果吊门滑轮磨损严重，应予以更换。当同一扇门两只滑轮均磨损时，不能同时更换两只，应先换一只后再换一只，以防止门扇倾倒。当拆下较重的层门进行检修时，应由两人操作，并应停放妥当后再检修。

2）保养检修层门钩子锁时，应注意刀片插入情况，要保证人在外面不能用手将层门扒开。操作时应让电梯慢速运行，注意头和手不要撞着上一层或下一层的地坎牛腿。

3）保养检修底层（基站）层门时，一般在轿厢内进行。当必须在井道内进行时，停在上一层的轿厢内不准有人进出，而且要关闭电源，并应有稳固的脚手架或扶梯。

4）严禁短接门锁线和把门继电器顶住。

4. 轿厢设备的保养与检修

1）保养检修人员要定期对轿顶进行清洁，因为积灰、油污过多，容易在踏上轿顶时滑倒。

2）轿厢导衬磨损严重需调换时，不能同时更换四只，在调换时更不能贪图方便，不拆导靴只将导靴压板拆下，用重物将旧靴衬敲出再敲入新靴衬，这样的方法是不对的，因为有可能将导轨敲毛或将手和他物轧入导靴和导轨之间。

3）保养检修轿门时，应做到轿门完全关闭后电梯才能起动，防止乘客伤亡。

4）当两台以上电梯并联，并且井道互通时，保养检修人员不得随意从甲梯顶跨入乙梯顶。当必须这样做时，应将甲、乙梯停止运行。

5. 标准要求

（1）机房环境

1）通往机房的通道应通畅、无障碍物，应有适当的照明设施且有效。

2）机房门应可靠上锁并张贴警告标识。

3）温度、湿度和照明亮度应符合要求。

4）门窗应能防止雨雪侵袭。

5）消防设施应在有效期内，并放置在标明且易于接近的位置。

6）用适当的清扫工具清理机房，应保持整洁无杂物，除电梯相关物品外，不得放置和设置其他物品和设施。

（2）井道环境

1）井道内各部件应整洁无杂物，除电梯相关部件外，不得设置其他设施。

2）井道照明灯应齐全，如有破损，应及时更换。

（3）轿顶环境

1）轿顶照明应该符合要求。

2）轿顶应整洁无油污、杂物，除电梯相关物品外，不得放置其他物品。

（4）轿厢环境

1）轿厢应整洁无油污、杂物，除电梯相关物品外，不得放置其他物品。

2）必要时用毛刷和软布清洁轿壁、轿门、顶棚、轿厢地板和地坎。

（5）底坑环境　底坑应清洁无积水、无渗水、无杂物，除电梯相关物品外，不得放置其他物品。

1. 北京市于 2007 年颁布了三个地方电梯标准，名称分别是什么？

2. 电梯机房作业有哪些安全要求？

3. 电梯轿顶作业有哪些安全要求？

4. 电梯底坑作业有哪些安全要求？

5. 简述电梯清洁操作的大体步骤。

备一备

备齐清洁电梯所需要的工具（见表 1-2）。

表 1-2　清洁工具明细表

代号	名称	数量

二、计划与实施

1. 清洁机房。
2. 清洁轿厢。

3. 清洁底坑。

4. 整理现场。

议一议

在电梯上都有些什么标识？它们告诉我们什么信息？

三、评价反馈（见表1-3）

表1-3　清洁电梯评价表

评价项目	评价内容	参考分	评分标准	自评	互评	师评
清洁前的检查	检查现场安全措施是否到位	10	若没做安全防护措施,此项为0分			
电梯机房清洁的安全要求	叙述电梯机房清洁的安全要求	20	能准确独立叙述电梯机房清洁的安全要求,20分 在提示下,能叙述电梯机房清洁的安全要求,15分 在提示下,能叙述电梯机房清洁的安全要求的部分内容,10分 在提示下,不能叙述电梯机房清洁的安全要求,0分			
电梯轿厢清洁的安全要求	叙述电梯轿厢清洁的安全要求	20	能准确独立叙述电梯轿厢清洁的安全要求,20分 在提示下,能叙述电梯轿厢清洁的安全要求,15分 在提示下,能叙述电梯轿厢清洁的安全要求的部分内容,10分 在提示下,不能叙述电梯轿厢清洁的安全要求,0分			
电梯底坑清洁的安全要求	叙述电梯底坑清洁的安全要求	20	能准确独立叙述电梯底坑清洁的安全要求,20分 在提示下,能叙述电梯底坑清洁的安全要求,15分 在提示下,能叙述电梯底坑清洁的安全要求的部分内容,10分 在提示下,不能叙述电梯底坑清洁的安全要求,0分			
劳动保护及安全文明	爱护设备及工具;遵守安全文明生产规程;具有成本及环保意识	10	着装整洁;保持工作环境清洁 执行安全操作规程;具有节约意识			
课堂表现	学习态度与能力;分工合作;语言表达	10	态度端正,学习积极;分工协作,积极参与;正确、清楚地表达观点;认真记录			
教学成果	维修保养表格;工作页报告	10	维修保养表格填写规范、正确;工作页填写齐全、工整			
总分			教师签字:			

姓名：　　　　　班级：　　　　　学号：　　　　　同组人：

※**任务描述**※

根据 DB11/418—2007《电梯日常维护保养规则》的要求，电梯要进行半月保养。本次维护与保养的对象为电磁制动器（见图 1-1），维护与保养的内容为制动器闸瓦间隙的测量与调整。

图 1-1　电磁制动器

一、工作准备

读一读

维保要求

1）制动器应动作灵活，各部件齐全并可靠固定。

2）制动轮应光洁、无异常划痕，运行时应无异常声响。

3）制动器轴销应用油枪注少量润滑油，动作几次后擦净油痕。

4）手动松闸装置应有效，如有异常，应及时处理。

5）制动器线圈应无异常发热，电气接线应可靠。

6）制动器解体清理，各运动部件选用规定的润滑剂进行润滑。

7）检查制动器闸瓦磨损情况，如磨损严重，应及时更换。

8）装配完毕的制动器性能及闸瓦间隙应满足相关要求。

想一想

1. 电梯制动器由哪几部分组成？其工作原理是什么？国家标准对电磁制动器有哪些

要求？

2. 制动器在电梯运行时起什么作用？

备一备

备齐所需工具并填写在明细表中（见表1-4）。

表 1-4　工具明细表

代号	名称	型号	规格	数量	是否完好

二、计划与实施

1. 小组讨论制动器闸瓦间隙的测量与调整的操作步骤，包括风险源辨识。
2. 各组展示操作步骤。
3. 完善操作步骤。
4. 测量与调整。
5. 验收，填写记录单。

电梯检修作业记录单

记录编号：

工程名称：	电梯编号（梯号）：	记录人：
报修人：	传话日期及时间：　年　月　日　时　分	

传话人所述故障(异常)状态及关人情况：

故障状态及原因：

检修时间：　年　月　日　时　分	检修人签字
恢复时间：　年　月　日　时　分	

所用配件：

用户签字：	日期：　年　月　日
部门经理签字：	日期：　年　月　日

6. 清理工作区。

三、评价反馈（见表1-5）

表1-5 制动器闸瓦间隙的测量与调整项目评价表

评价项目	评价内容	参考分	评分标准	自评	互评	师评
制动器的结构及工作原理	认识制动器的结构及作用；了解制动器的工作原理	15	正确认识制动器的结构及作用 正确分析制动器的工作原理			
工具准备	操作前将所需工具准备齐全	5	每少一件工具扣1分 规格选错，每件扣1分			
测量与调整	按照操作步骤正确操作	30	按照操作步骤正确操作，结果符合要求得30分 不按操作步骤操作，每次扣5分			
劳动保护及安全文明	爱护设备及工具；遵守安全文明生产规程；具有成本及环保意识	30	着装整洁，保持工作环境清洁 执行安全操作规程，安全措施落实到位，每少一道安全防护扣10分 具有节约意识			
课堂表现	学习态度与能力；分工合作；语言表达	10	态度端正，学习积极；分工协作，积极参与；正确、清楚地表达观点；认真记录			
教学成果	电梯运行正常；工作页报告	10	电梯运行正常；工作页填写齐全、工整			
总分			教师签字：			

姓名：　　　　　班级：　　　　　学号：　　　　　同组人：

※任务描述※

　　根据 DB11/418—2007《电梯日常维护保养规则》，电梯要进行半月保养。本次维护与保养的对象为电梯齿轮箱（Gear Case），维护与保养的内容为更换齿轮油（Gear Oil），如图 1-2 所示。

图 1-2　电梯减速器

一、工作准备

读一读

维保要求

1）减速器表面应无积尘、无油污，油漆应无剥落。

2）减速器油位应在上限线与下限线之间，如油量不够，应加注适量齿轮油。

3）箱体应密封可靠，无漏油现象，如有漏油，应及时处理或向主管汇报。

4）各轴承应运转良好，无异常发热、声响。如油量不够，应用油枪注适量润滑脂。

5）如发现减速器有异常声响，应立即停止使用，并及时处理或向主管汇报。

6）油镜应清晰，如油镜模糊，应拆洗油镜。

7）放净旧油，清洗箱体，按制造商要求更换齿轮油。

想一想

1. 齿轮油的作用有哪些？为什么要更换齿轮油？

2. 查看电梯曳引机型号、国家标准和齿轮油知识手册，回答下列问题：

1）曳引机型号为 _____，额定速度为 _____，应选择的齿轮油型号为_____。

2）国家标准 GB 7588—2003《电梯制造与安装安全规范》对电梯齿轮油有哪些要求？

议一议

机房作业有哪些安全要求？

看一看

观察老师（电梯维保人员）的示范操作，记录操作步骤。

二、计划与实施

1. 小组讨论完善更换齿轮油的操作步骤（见表 1-6），包括风险源辨识。

表 1-6　更换齿轮油的操作步骤

步骤	操作过程	需要注意的问题	使用的工具	操作人

2. 各组展示操作步骤。

3. 备齐所需工具并填写在明细表 1-7 中。

表 1-7　工具明细表

代号	名称	型号	规格	数量	是否完好

4. 更换齿轮油。

5. 清理工作区。

三、评价反馈（见表1-8）

表1-8 更换齿轮油项目评价表

评价项目	评价内容	参考分	评分标准	自评	互评	师评
识读减速器	认识减速器；齿轮油型号的选择	15	正确认识减速器结构部件，说错一个部件名称，扣2分 正确选择齿轮油型号，选择错误扣10分			
工具准备	操作前将所需工具准备齐全	5	每少一件工具扣2分 规格选错，每件扣2分			
更换齿轮油	按照操作步骤正确操作	30	按照操作步骤正确操作，结果符合要求得30分 不按操作步骤操作，每次扣5分			
劳动保护及安全文明	爱护设备及工具；遵守安全文明生产规程；具有成本及环保意识	20	着装整洁；执行安全操作规程，安全措施落实到位，每少一道安全防护扣5分 在节约意识方面，若齿轮油漏到外面，扣10分			
现场清洁	清理现场；工具摆放	10	保持工作环境清洁，若现场有油迹，扣5分 若工具摆放不整齐，扣5分			
课堂表现	学习态度与能力；分工合作；语言表达	10	态度端正，学习积极，分工协作，积极参与；正确、清楚地表达观点，认真记录			
教学成果	电梯运行正常；工作页报告	10	电梯运行正常；工作页填写齐全、工整			
总分			教师签字：			

齿轮油小知识

减速器润滑油又称为齿轮油，它主要用来润滑各种机械齿轮传动装置。齿轮油由矿物油型（或合成型）基础油和相应添加剂所组成。齿轮油可分为车辆齿轮油与工业齿轮油两大类。减速器油的工作温度一般较低，在很大程度上随环境温度变化而变化，油温一般不高于100℃。

一、减速器油的作用

1）降低齿轮及其他运动部件的磨损，延长齿轮寿命。

2）降低摩擦，减少功率损失。

3）分散热量，起一定的冷却作用。

4）防止腐蚀和生锈。

5）降低工作噪声，减少振动及齿轮间的冲击作用。

6）冲洗污物，特别是冲去齿面间污物，减轻磨损。

二、油位检查及齿轮油更换

1. 油位检查

（1）油规油位检查法

1）如果条件允许，油位检查应作为常规检查，至少每年7月、12月应该分别检查一次。

2）检查前，先将电梯停止运行一会，待齿轮箱内齿轮油完全落下后开始检查。

3）将油规拔出，并擦拭干净上面的油渍，然后将油规按照拔出的方向插入，插入时注意不要倾斜。

4）将插入到底的油规拔出，检查油渍位置是否处于油规刻度范围内。

5）重新安装好油规。

6）有时候，油规内的通油管道堵塞会使油规不准，需要使用钢丝通透。

（2）油窗检查法　此种方法比较简单，直接观察齿轮箱侧面的油窗，可以观察到油位。

2. 更换齿轮油

1）齿轮油的优劣决定着齿轮箱使用的寿命，一般来说，添加齿轮油需要按照电梯制造厂的设计要求或建议要求来选择用油。

2）对于全新的齿轮箱，建议半年后更换齿轮油。

3）对于已经使用一段时间的齿轮箱，建议每4年更换一次齿轮油。

4）日常可以对齿轮油进行检查。首先在让电梯停止运行一段时间，让齿轮油内的杂质沉淀下来，打开放油孔，放出少量齿轮油，在白纸上滩开齿轮油，检查齿轮油内是否有过多杂质、研磨下来的齿轮铜末。如果杂质过多，则需要更换齿轮油。

5）大修过的，打开过齿轮箱上盖的，或者打开过齿轮箱上下部分的，建议更换齿轮油。

6）更换齿轮油之前，需要将旧油放尽。

7）加入齿轮油时，需要逐渐、慢慢地加，最好分几次加入，这样可以让油充分沉淀，比较容易判断油位。

8）夏季或者南方气温高的地区用油可以适当黏稠一些，对于北方或气温寒冷的地区，应该根据情况，使用较稀的齿轮油；但必须都根据制造厂家的建议和指导使用。

9）通过油规或油窗观察加油情况，过多和过少都是不允许的。油位处于蜗杆中心线部位为最佳，过少将不能起到润滑作用，过多则会使齿轮箱温度过高，甚至产生漏油等问题。加好油后，需要起动电梯上下多次运行，然后测量油温，齿轮箱温度不应该超过80℃。

三、如何选择曳引式电梯润滑油品

随着我国国民经济的快速发展，尤其是房地产市场的快速发展和城市化建设的加快，电梯已经成为与百姓生活密切相关的一种交通运输工具。人们关注的重点是电梯的安全运转，因此从电梯的实际工况出发，做好电梯维护保养工作十分重要。如何选择合适的润滑油品，也应该成为电梯安装维修培训的一个重要组成部分。有齿曳引式电梯在目前电梯的数量中占比最大，主要包括有齿曳引机、限速器、制动装置、客梯轿厢、钢丝绳，轿门门机、控制系统和液压缓冲器等，其中需要润滑的部位就包括有齿曳引机中的蜗杆副、钢丝绳和轿厢导轨等。

1. 曳引机蜗杆副的润滑

在垂直式乘用电梯和载货电梯以及自动扶梯中,采用有齿曳引机的比例比较大。有齿曳引式电梯基本上全部采用蜗轮蜗杆式减速器,其中蜗轮多采用耐磨青铜,蜗杆采用表面渗碳淬硬处理的合金钢,属于钢-铜摩擦副。蜗杆传动齿面间的滑动较大,且齿的接触时间比齿轮传动相对较长,摩擦磨损情况突出,因此对润滑油品有几个特殊的性能要求:要求油品有良好的减摩特性,摩擦系数要小,添加剂要适合钢-铜摩擦副的特殊要求,避免硫磷型添加剂对青铜的腐蚀;另外,在低温下要有良好的流动性,在较高温度下要有较好的氧化安定性和热安定性。除了矿物油型产品,合成油型产品具有优异的润滑性和低牵引力,低温流动性优异,在苛刻运行条件下,能够改进蜗轮的效率,产生的热量较少,油品的系统运行温度较低,可以更好地满足部分蜗轮蜗杆减速器的润滑要求,同时能延长换油周期。

(1)推荐产品品种

矿物油型:长城牌 L-CKE/P(极压型)蜗轮蜗杆油。

合成型:长城牌 4406(重负荷)合成工业齿轮油。

(2)推荐黏度牌号(见表 1-9)

表 1-9　推荐黏度牌号

圆柱状蜗杆副推荐润滑剂			
滑动速度/(m/s)	对应环境温度下黏度级别的选择		
	−40～−10℃	−10～35℃	35～55℃
≤2.5	VG220(合成型)	VG460	VG680
2.5～5	VG220(合成型)	VG460	VG680
5～10	VG220(合成型)	VG320	VG460

2. 电动机轴承及其他轴承、轿门开合导轨的润滑

当电动机在工作时,要求电动机轴承内的润滑剂能提供一层极薄的高强度油膜润滑层,从而保证电动机在恶劣条件下也可长时间使用。作为电梯其他部位的轴承,如轿厢自动门驱动处等部位,也在承受着较大的张力或冲击负荷,因此要求轴承内装填的润滑脂抗磨性好,从而可节约电动机耗电量,降低噪声,因此目前多选用极压复合锂基润滑脂。该类产品具有良好的承受载荷和极压的能力,减少重载或冲击载荷及受振下的磨损,延长轴承在潮湿环境下的使用寿命,从而减少更换轴承的费用,防止意外停工。

推荐产品:长城牌极压复合锂基润滑脂。

3. 钢丝绳、滑动轴承和导轮的润滑

电梯内钢丝绳、滑动轴承和导轮的运动摩擦组合中,经常遇到重载、摩擦、外部压力变换频繁等问题,这些均会引起内部磨损。概括起来适宜的钢丝绳润滑剂有如下几个主要作用:

1)减少钢丝绳内部丝与丝之间、股与股之间,及钢丝绳与滑轮之间等因运动屈张而产生的摩擦、磨损,减少断裂的可能性。

2)无论是静止还是运动,润滑剂为钢丝绳的绳芯、钢丝、钢丝绳各股提供内部与外部的防腐保护,减少锈蚀的发生,延长钢丝绳的寿命。

3)涂抹在钢丝绳上的润滑剂可作为钢丝绳与滑轮组及滚筒之间的缓冲物。

钢丝绳出厂前,通常已经进行了热油浸泡,在绳芯处包含润滑油。使用过程中,尤其

是在滑轮处，受到挤压后油品会渗出，起到润滑作用。但在长时间使用过程中，应该定期对钢丝绳进行再润滑。

推荐产品：长城牌钢丝绳表面脂。

4. 电梯导轨的润滑

电梯导轨润滑剂应具有良好的黏附特性，以防止润滑剂从竖直导轨上滴落下来。高质量的导轨润滑剂还应具有低摩擦特性和一定的极压特性，以便消除低速重载条件下的"黏滑"现象，防止导轨出现擦伤，并且有效控制导轨磨损。

为了简化用油品种，在此仍推荐用曳引机蜗杆副的润滑油来润滑电梯导轨。

姓名：　　　　班级：　　　　学号：　　　　同组人：

※任务描述※

根据 DB11/418—2007《电梯日常维护保养规则》，电梯要进行半月保养。本次维护与保养的对象为电梯电动机，维护与保养的内容为绝缘电阻的测量（见图 1-3）。

图 1-3　电动机及其接线盒

一、工作准备

读一读

维保要求

1）电动机表面应无积尘、无油污，油漆应无剥落。

2）各轴承应运转良好，无异常发热、声响，如油量不够，应用油枪加注适量润滑脂。

3）检查电动机的接线端子，确保线头固定可靠，绝缘良好，无氧化及腐蚀现象。

想一想

1. 电梯曳引机由哪些部件组成？各部件的作用是什么？

2. 查看电梯曳引机型号、国家标准，回答下列问题。

1）曳引机型号为＿＿＿＿＿＿，额定速度为＿＿＿＿＿＿，额定功率为＿＿＿＿＿＿，绝缘等级为＿＿＿＿＿＿。

2）国家标准中对电梯电动机的绝缘有哪些要求？相应的国家标准的名称是什么？

1. 机房作业有哪些安全要求？

2. 如何选择兆欧表？

3. 兆欧表的使用方法和注意事项有哪些？

看一看

观察老师（电梯维保人员）的示范操作，记录操作步骤。

二、计划与实施

1. 小组讨论测量电梯电动机定子绕组间绝缘电阻和定子绕组对电动机外壳绝缘电阻的操作步骤，包括风险源辨识。

2. 各组展示操作步骤。

3. 备齐所需工具并填写在明细表 1-10 中。

表 1-10　工具明细表

代号	名称	型号	规格	数量	是否完好

4. 测量绝缘电阻并记录在表 1-11 中。

表 1-11　绝缘电阻测量值

测量项目	U-V	U-W	V-W	U-外壳	V-外壳	W-外壳
电阻值/Ω						

5. 清理工作区。

三、评价反馈（见表1-12）

表1-12 电动机绝缘电阻的测量项目评价

评价项目	评价内容	参考分	评分标准	自评	互评	师评
识读电梯曳引机	认识曳引机部件名称	15	正确认识曳引机结构部件,得15分			
工具准备	操作前将所需工具准备齐全	5	正确选择兆欧表,得5分			
安全措施	做好安全防护工作	30	安全措施落实到位,能叙述机房的操作要求,得30分			
测量绝缘电阻	测量各部分绝缘电阻	20	正确使用兆欧表测量绝缘电阻,得20分			
现场清洁	清理现场;工具摆放	10	保持工作环境清洁,现场若有油迹,扣5分;工具摆放不整齐,扣5分			
课堂表现	学习态度与能力;分工合作;语言表达	10	态度端正,学习积极;分工协作,积极参与;正确、清楚地表达观点;认真记录			
教学成果	电梯运行正常;工作页报告	10	电梯运行正常;工作页填写齐全、工整			
总分			教师签字:			

项目二
垂直电梯主要项目的月维护与保养

任务一　按钮、显示设备的维护与保养

姓名：　　　　班级：　　　　学号：　　　　同组人：

※**任务描述**※

根据 DB11/418—2007《电梯日常维护保养规则》，电梯要进行月保养。本次维护与保养的对象是按钮、显示设备的维护与保养，如图 2-1 所示。

图 2-1　电梯按钮、显示设备

一、工作准备

读一读

维保要求

1. 层站

1）召唤按钮、显示器应逐层测试，按钮动作应灵活可靠，功能正确。

2）按钮指示应显示正确、清晰。

3）显示器应显示正确、清晰，无断点、少段现象。

4）如有消防开关，功能应正常，如有异常，应及时处理。

2. 轿内

1）应逐层测试内选按钮，应灵活可靠。

2）按钮显示应正确、清晰。

3）其他控制按钮及开关应灵活，功能应正常。

4）显示器应显示正确、清晰，无断点、少段现象。

5）以上项目如有异常，应及时处理。

想一想

1. 电梯都有哪些按钮和开关？安装位置在何处？

2. 电梯有哪些对讲装置？安装在什么位置？

议一议

1. 轿厢作业有哪些安全要求？

2. 如何正确使用万用表？

看一看

观察老师（电梯维保人员）的示范操作，记录操作步骤。

二、计划与实施

1. 小组讨论完善按钮、显示设备维护与保养作业的操作步骤，包括风险源辨识。
2. 各组展示操作步骤。
3. 备齐所需工具并填写在明细表 2-1 中。

表 2-1　工具明细表

代号	名称	型号	规格	数量	是否完好

三、评价反馈（见表 2-2）

表 2-2　按钮、显示设备的维护与保养项目评价

评价项目	评价内容	参考分	评分标准	自评	互评	师评
识读按钮、显示设备	认识按钮、显示设备	15	正确认识按钮、显示设备部件，说错一个部件名称，扣5分 正确选择按钮、显示设备型号，选择错误扣10分			
工具准备	操作前将所需工具准备齐全	15	每少一件工具扣5分；规格选错，每件扣5分			
劳动保护及安全文明	爱护设备及工具；遵守安全文明生产规程；具有成本及环保意识	20	着装整洁；执行安全操作规程，安全措施落实到位，每少一道安全防护扣10分			
现场清洁	清理现场；工具摆放	20	保持工作环境清洁，若现场有油迹，扣5分 若工具摆放不整齐，扣5分			
课堂表现	学习态度与能力；分工合作；语言表达	20	态度端正，学习积极；分工协作，积极参与；正确、清楚地表达观点；认真记录			
教学成果	电梯运行正常；工作页报告	10	电梯运行正常；工作页填写齐全、工整			
总分			教师签字：			

任务二　平层准确度的测量与调整

姓名：　　　　班级：　　　　学号：　　　　同组人：

※**任务描述**※

根据 DB11/418—2007《电梯日常维护保养规则》的要求，电梯要进行月保养。本次维护与保养的对象为电梯平层感应器（见图 2-2），维护与保养的内容为平层准确度的测量与调整。

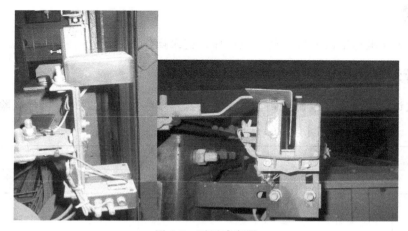

图 2-2　平层感应器

一、工作准备

读一读

维保要求

1. 平层装置

1）平层装置表面应清洁，无尘，无油渍。

2）平层装置与感应器件距离应合适，应保持在 5~8mm。

3）平层装置安装和插接件应固定可靠，无松动现象。

4）平层装置动作应灵敏、可靠，如有异常，应立即处理。

2. 平层准确度

平层准确度应上下运行逐层测量，交流双速电梯应 $\leqslant \pm 15$mm，变频调速电梯为 $\leqslant \pm 5$mm，如有超标应及时调整。

想一想

1. 什么是平层准确度？国家标准中对平层准确度有哪些要求？

2. 什么叫传感器？传感器有哪些种类？电梯上有哪些传感器？安装位置在何处？

议一议

轿顶作业有哪些安全要求？

看一看

观察老师（电梯维保人员）的示范操作，记录操作步骤。

二、计划与实施

1. 小组讨论完善平层准确度测量与调整的操作步骤（见表 2-3），包括风险源辨识。

表 2-3　平层准确度测量与调整的操作步骤

步骤	操作过程	需要注意的问题	使用的工具	操作人
步骤一				
步骤二				
步骤三				
步骤四				
步骤五				
步骤六				
步骤七				
步骤八				
步骤九				

2. 各组展示操作步骤。

3. 备齐所需工具并填写在明细表 2-4 中。

表 2-4　工具明细表

代号	名称	型号	规格	数量	是否完好

4. 测量和调整平层准确度。

5. 清理工作区。

三、评价反馈（见表2-5）

表2-5 平层准确度测量与调整的项目评价

评价项目	评价内容	参考分	评分标准	自评	互评	师评
识读传感器	认识传感器 找对电梯中的传感器	15	正确认识传感器，说出传感器的分类得10分 正确找出电梯中的传感器，得5分			
工具准备	操作前将所需工具准备齐全	5	按照操作要求，选对工具及型号，得5分			
测量和调整平层准确度	按照操作步骤正确操作	30	按照操作步骤正确操作，结果符合要求得30分			
劳动保护及安全文明	爱护设备及工具；遵守安全文明生产规程；具有成本及环保意识	20	着装整洁；执行安全操作规程，安全措施落实到位，得20分			
现场清洁	清理现场；工具摆放	10	保持工作环境清洁，得5分 工具摆放整齐，得5分			
课堂表现	学习态度与能力；分工合作；语言表达	10	态度端正，学习积极；分工协作，积极参与；正确、清楚地表达观点，认真记录			
教学成果	电梯运行正常；工作页报告	10	电梯运行正常；工作页填写齐全、工整			
总分			教师签字：			

任务三　曳引钢丝绳张力的测量与调整

姓名：　　　　　班级：　　　　　学号：　　　　　同组人：

※任务描述※

　　根据 DB11/418—2007《电梯日常维护保养规则》，电梯要进行半月保养。本次维护与保养的对象为曳引钢丝绳（见图 2-3），维护与保养的内容为曳引钢丝绳张力的测量与调整。

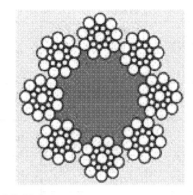

图 2-3　钢丝绳及其断面

一、工作准备

读一读

维保要求

1. 曳引轮

1）曳引轮、导向轮绳槽应无严重油污，磨损无异常。

2）曳引轮、导向轮应运转灵活，无异常声响，必要时轴承应加注润滑脂。

3）防止机械伤害的安全装置应固定可靠，警告标识清晰。

4）防止钢丝绳脱离装置应稳固。

5）绳槽如磨损严重时，应及时向主管和客户汇报，确认更换或监护使用。

6）确保曳引轮在各负载状态下，垂直度偏差不大于 2mm。

2. 曳引钢丝绳

1）钢丝绳应符合规定要求，表面应无过多油污、杂质。

2）如发现钢丝绳有干枯或生锈现象，应用注有少量机油的油布涂抹。

3）钢丝绳不应有断股、过量断丝和磨损现象，如有异常，应立即处理。

4）用拉力器测量各绳的张力，各绳的张力应均等，平均值偏差不超过 5%，如有异常，应立即处理。

3. 曳引钢丝绳头装置

检查绳头调节锁紧螺母，锁紧螺母应有锁紧力，开口销应完好，且开口处应弯转。

想一想

1. 电梯的升降动力来自哪里？如何增大电梯的曳引力？

2. 国家标准对电梯用钢丝绳有哪些要求？

议一议

1. 如何使用弹簧拉力计？

2. 如何测定电梯曳引钢丝绳的张力？

3. 如何调整电梯曳引钢丝绳的张力？

看一看

观察老师（电梯维保人员）的示范操作，记录操作步骤。

二、计划与实施

1. 小组讨论完善测量电梯曳引钢丝绳张力的操作步骤，包括风险源辨识（见表2-6）。

表 2-6　测量曳引钢丝绳张力的操作步骤

步骤	操作过程	需要注意的问题	使用的工具	操作人

2. 各组展示操作步骤。

3. 备齐所需工具并填写在明细表 2-7 中。

表 2-7　工具明细表

代号	名称	型号	规格	数量	是否完好

4. 测量张力并记录在表 2-8 中。

表 2-8　张力值数据记录表

测量项目	T_1	T_2	T_3	T_4	T_5	T_6
张力值						
平均值						
误差值						

5. 清理工作区。

三、评价反馈（见表 2-9）

表 2-9　曳引钢丝绳张力测量与调整项目评价表

评价项目	评价内容	参考分	评分标准	自评	互评	师评
识读电梯曳引钢丝绳	认识曳引钢丝绳	15	正确认识曳引钢丝绳得 15 分			
工具准备	操作前将所需工具准备齐全	5	正确选择拉力计，得 5 分			
安全措施	做好安全防护工作	30	安全措施落实到位，能叙述机房操作要求，得 30 分			
测量张力	测量各钢丝绳张力	20	正确使用拉力计测量曳引钢丝绳张力，得 20 分			
现场清洁	清理现场；工具摆放	10	保持工作环境清洁，现场若有油迹，扣 5 分 工具摆放不整齐，扣 5 分			
课堂表现	学习态度与能力；分工合作；语言表达	10	态度端正，学习积极；分工协作，积极参与；正确、清楚地表达观点；认真记录			
教学成果	电梯运行正常；工作页报告	10	电梯运行正常；工作页填写齐全、工整			
总分			教师签字：			

项目三
垂直电梯主要项目的季度维护与保养

任务一　导靴的维护与保养

姓名：　　　　　班级：　　　　　学号：　　　　　同组人：

※**任务描述**※

根据 DB11/418—2007《电梯日常维护保养规则》，电梯要进行季度保养。本次维护与保养的对象为电梯轿厢，维护与保养的内容为导靴的拆卸、安装及润滑。

写出图 3-1 中三种导靴的名称。

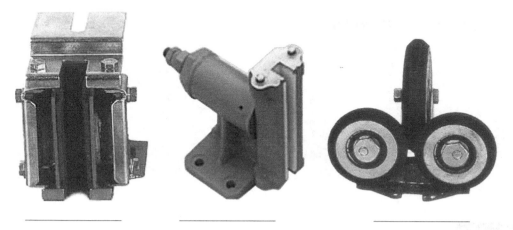

图 3-1　导靴

一、工作准备

读一读

维保要求

1. 对重导靴、靴衬

1）对重导靴与导轨顶面间隙应保持在 1~4mm，如超标，应及时调整。

2）如靴衬磨损过大无法达到以上标准要求，应及时更换靴衬。

2. 轿厢导靴、靴衬

1）弹性导靴与导轨顶面应无间隙，两边伸缩之和应≤4mm，如超标，应及时调整。

2）固定导靴与导轨顶面间隙应保持在 1~4mm，如超标，应及时调整。

3）如靴衬磨损过大无法达到以上标准要求，应及时更换靴衬。

想一想

1. 什么是导靴？

2. 在电梯中，导靴的作用是什么？导靴如何分类？安装位置在何处？

议一议

1. 写出每种导靴的适用范围。

2. 写出导靴维修与检查的内容及要求。

3. 塞尺该如何使用？

看一看

分组到实物电梯上观察导靴的类型，测量导靴与导轨的间隙。

二、评价反馈（见表3-1）

表3-1 导靴的测量与调整项目评价表

评价项目	评价内容	参考分	评分标准	自评	互评	师评
识读导靴	认识导靴 找对电梯上的导靴类型	15	正确认识导靴,说出导靴的分类得10分 正确找出电梯上的导靴得5分			
工具准备	操作前将所需工具准备齐全	5	按照操作要求,选对工具及型号得5分			
维修与检查	叙述维修与检查的内容及要求	40	能叙述维修与检查的内容及要求,说出一条得10分			
课堂纪律	工作页填写情况 回答问题情况 课堂表现	40	工作页填写齐全得20分 积极回答问题得5分 课堂积极配合,无睡觉、玩手机等行为,得15分			
总分			教师签字:			

姓名：　　　　　班级：　　　　　学号：　　　　　同组人：

※任务描述※

　　根据 DB11/418—2007《电梯日常维护保养规则》，电梯要进行季度保养。本次维护与保养的对象为电梯轿厢，维护与保养的内容为电梯轿门各处间隙的测量与调整。

　　写出图 3-2 中四种轿门的类型。

图 3-2　轿门

一、工作准备

读一读

维保要求：

1. 门机系统

1）开/关门起动、减速应平稳无卡阻，速度应适中。

2）开/关门到位应无碰撞声，如有异常，应及时处理。

3）门机传动链、带应不松弛和过度磨损，如有异常，应及时处理。

4）门刀、杠杆各转动部位应用油布擦净后加少量机油，应无挂痕，确保动作灵活。

5）检查门系统各接线端子，确保标志和编号清晰、接线紧固、无氧化及腐蚀现象。

6）门刀与层门地坎间隙应为 5~10mm，如有超标应立即调整。

7）门刀与层门锁滚轮啮合量应≥8mm，如有超标应立即调整。

2. 轿门滑轮

1）轿门上坎、滑轮应无杂质，无严重磨损现象。

2）偏心轮应运转灵活，无异常声音。

3）必要时用油布涂抹并擦净各部位，如有异常应及时处理。

3. 轿门各部间隙

测量门与地坎、门扇与门扇、门扇与门套之间的间隙，应≤6mm，如有超标应及时调整。

想一想

1. 轿门由哪些部件组成？

2. 轿门是通过哪些部件安装在轿厢上的？

议一议

1. 开/关门机构的工作原理是什么？

2. 国家标准对电梯轿门间隙有哪些要求？

※任务实施※

分组到实物电梯上测量下列间隙并将数据填到表 3-2 中。

表 3-2 　测量数据

测量部位	间隙/mm	国家标准要求	是否合格
层门与门框			
层门门扇与门扇			
层门地坎与轿门地坎			
门刀与层门地坎			

二、评价反馈（见表 3-3）

表 3-3 　电梯轿门各处间隙的测量与调整项目评价表

评价项目	评价内容	参考分	评分标准	自评	互评	师评
识读轿门	认识轿门结构 知道电梯轿门类型	15	正确认识轿门，说出轿门各部件的名称得 10 分 说出电梯轿门的类型得 5 分			
工具准备	操作前将所需工具准备齐全	5	按照操作要求，选对工具及型号得 5 分			
测量与调整	能正确测量电梯门间隙，知道国家标准要求	40	能叙述测量与调整的内容及要求，说出一条得 10 分			
课堂纪律	工作页填写情况 回答问题情况 课堂表现	40	工作页填写齐全得 20 分 积极回答问题得 5 分 课堂积极配合，无睡觉、玩手机等行为，得 15 分			
总分			教师签字：			

姓名：　　　　班级：　　　　　学号：　　　　　同组人：

※任务描述※

　　根据 DB11/418—2007《电梯日常维护保养规则》，电梯要进行季度保养。本次维护与保养的对象为安全钳，维护与保养的内容为安全钳与导轨间隙的测量与调整。

　　写出图 3-3 中安全钳的类型。

图 3-3　安全钳的类型

一、工作准备

读一读

维保要求

1. 安全钳

1）安全钳钳口应清洁、无杂物，钳块动作应灵活、无卡阻现象。

2）联动装置各转动部位应加少量机油，确保动作灵活、无卡阻现象。

3）钳块与导轨正面间隙应大于 3mm，与导轨两侧面间隙应为 2~3mm，如有超标应立即调整。

2. 限速器

1）限速器应运转灵活，无异常声音，铅封标记应齐全、无移动痕迹。

2）限速器钢丝绳及绳槽应无严重油污、磨损。

3）限速器开关应手动测试三次以上，确认可靠后复位，如有异常应立即处理。

4）半年检查一次限速器各活动部位，用油枪注少量机油，上下运行几次后，擦净油挂痕。

5）手动模拟限速器、安全钳联动试验应正常可靠，如有异常应立即处理。

6）检查限速器，确保垂直度偏差不大于 0.5mm。

1. 安全钳由哪些部件组成？

2. 安全钳有哪些类型？每一种类型的使用范围是什么？

3. 电梯的限速器-安全钳系统的工作原理是什么？

议一议

1. 安全钳的检验主要有哪些方面？

2. 国家标准对安全钳与导轨间隙有哪些要求？

※任务实施※

分组到实物电梯上测量安全钳与导轨间隙并将数据填到表 3-4 中。

表 3-4　安全钳与导轨间隙数据

测量部位	间隙/mm	国家标准要求	是否合格
安全钳钳块正面			
安全钳钳块两侧			

二、评价反馈（见表 3-5）

表 3-5　安全钳与导轨间隙的测量与调整项目评价表

评价项目	评价内容	参考分	评分标准	自评	互评	师评
识读安全钳	认识安全钳 找对电梯上的安全钳类型	15	正确认识安全钳，说出安全钳的分类得 10 分 正确找出电梯上的安全钳得 5 分			
工具准备	操作前将所需工具准备齐全	5	按照操作要求，选对工具及型号得 5 分			
维修与检查	叙述维修与检查的内容及要求	40	能叙述维修与检查的内容及要求，说出一条加 10 分			
课堂纪律	工作页填写情况 回答问题情况 课堂表现	40	工作页填写齐全得 20 分 积极回答问题得 5 分 课堂积极配合，无睡觉、玩手机等行为，加 15 分			
总分			教师签字：			

任务一　端站保护装置的检查与调整

姓名：　　　　班级：　　　　学号：　　　　同组人：

※任务描述※

根据 DB11/418—2007《电梯日常维护保养规则》，电梯要进行半年保养。本次维护与保养的对象为端站保护装置，维护与保养的内容为端站保护装置的检查与调整。

写出图 4-1 中端站保护装置各部分的名称。

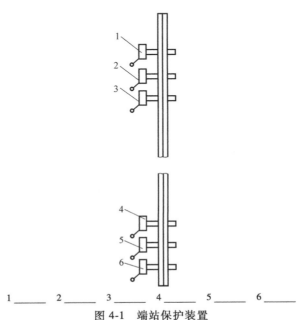

1 _____　2 _____　3 _____　4 _____　5 _____　6 _____

图 4-1　端站保护装置

一、工作准备

端站开关维保要求

1）上下强迫减速开关应动作灵活、功能正确且可靠。

2）上下限位开关应在极限开关动作前动作且可靠。

3）极限开关应在碰撞缓冲器之前动作且可靠。

4）各开关动作灵活可靠，与撞板距离适当，如有异常应立即处理。

想一想

1. 端站保护装置有哪些？应使用哪种方式的低压电器？

2. 端站保护装置的作用是什么？

议一议

1. 国家标准对端站保护装置的安装要求有哪些？

2. 如何检测电梯端站开关？

※任务实施※

分组到实物电梯上验证端站保护装置的作用，见表4-1。

表4-1　验证端站保护装置的作用

动 作 过 程	现 象	如何恢复
电梯以检修速度上行，撞板碰到上限位开关		
将上限位开关短接，电梯以检修速度上行，撞板碰到上极限开关		
电梯以检修速度下行，撞板碰到下限位开关		
将下限位开关短接，电梯以检修速度下行，撞板碰到下极限开关		

二、评价反馈（见表4-2）

表4-2　端站保护装置的测量与调整项目评价表

评价项目	评价内容	参考分	评分标准	自评	互评	师评
识读端站保护装置	认识端站保护装置的结构 了解端站保护装置的类型	15	正确认识端站保护装置，说出端站保护装置安装位置得10分 说出端站保护装置的类型得5分			
工具准备	操作前将所需工具准备齐全	5	按照操作要求，选对工具及型号得5分			
检测与调整	能正确检测端站保护装置，了解国家标准要求	40	能按照步骤安全检测端站保护装置			
课堂纪律	工作页填写情况 回答问题情况 课堂表现	40	工作页填写齐全得20分 积极回答问题得5分 课堂积极配合，无睡觉、玩手机等行为，得15分			
总分			教师签字：			

姓名：　　　　班级：　　　　学号：　　　　同组人：

※**任务描述**※

根据 DB11/418—2007《电梯日常维护保养规则》，电梯要进行半年保养。本次维护与保养的对象为导轨和随行电缆，维护与保养的内容为导轨支架、随行电缆的检查与调整。

写出图 4-2 中导轨各部分的名称。

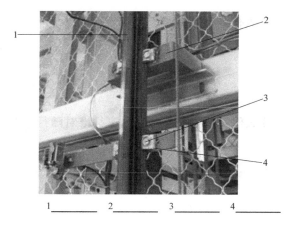

1_____　2_____　3_____　4_____

图 4-2　导轨

一、工作准备

读一读

维保要求

1. 导轨

1）导轨表面应清洁、无杂质，必要时用清洗油进行清洗。

2）导轨支架上应清洁无杂物。

3）导轨支架、压板的紧固件不应有松动现象，如有异常应及时处理。

4）限速器、安全钳联动试验后，应将导轨上安全钳的动作痕迹打磨平整。

2. 随行电缆

1）随行电缆长度应一致，无打结、扭曲、交叉的现象。

2）当完全压缩缓冲器时，电缆不得与底坑地面或轿厢底边框接触，如有异常应及时处理。

想一想

1. 导轨的作用是什么？导轨有哪些规格？

2. 我校电梯有哪些形式的导轨？

议一议

1. 电梯导轨是如何安装的？

2. 国家标准对电梯导轨有哪些要求？

3. 随行电缆主要起什么作用？如何安装？国家标准对随行电缆有哪些要求？

※任务实施※

分组到实物电梯上测量导轨安装尺寸并将数据填到表 4-3 中。

表 4-3　导轨安装尺寸

测量项目	间隙/mm	国家标准要求	是否合格
最底端导轨支架距底坑地面的距离			
最顶端导轨支架距井道顶板的距离			
接道板与导轨支架的距离			
导轨支架间的距离			

二、评价反馈（见表 4-4）

表 4-4　导轨支架、随行电缆的检查与调整项目评价表

评价项目	评价内容	参考分	评分标准	自评	互评	师评
检查	能按照操作步骤检查导轨支架和随行电缆的紧固情况	60	能按照步骤安全操作			

评价项目	评价内容	参考分	评分标准	自评	互评	师评
调整	能利用扳手紧固螺钉	20	能按照步骤安全操作			
课堂纪律	工作页填写情况 回答问题情况 课堂表现	20	工作页填写齐全得10分 积极回答问题得5分 课堂积极配合,无睡觉、玩手机等行为,得5分			
总分			教师签字:			

任务三　自动门防夹装置的检查与调整

姓名：　　　　　班级：　　　　　学号：　　　　　同组人：

※**任务描述**※

根据 DB11/418—2007《电梯日常维护保养规则》，电梯要进行半年保养。本次维护与保养的对象为自动门防夹装置（见图4-3），维护与保养的内容为自动门防夹装置的检查与调整。

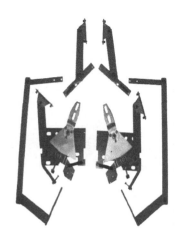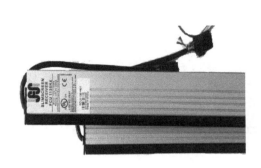

图 4-3　自动门防夹装置

一、工作准备

读一读

维保要求

1）安全触板或光幕功能应正常。

2）光幕表面应无尘、无油渍，必要时用软布清洁光幕。

3）电缆、接插件、开关接头固定应可靠，无松动现象，如有异常应立即处理。

想一想

1. 自动门防夹装置的作用是什么？安装位置在哪里？

2. 自动门防夹装置有哪些类型？

3. 自动门防夹装置是如何工作的？

议一议

自动门防夹装置的工作原理是什么？

看一看

观察老师（电梯维保人员）的示范操作，记录操作步骤。

二、计划与实施

1. 小组讨论完善检查与调整安全触板的操作步骤，包括风险源辨识（见表 4-5）。

表 4-5　检查与调整安全触板的操作步骤

步骤	操作过程	需要注意的问题	使用的工具	操作人
1				
2				
3				
4				
5				
6				
7				
8				
9				
10				

2. 各组展示操作步骤。

3. 备齐所需工具并填写在表 4-6 中。

表 4-6　工具明细表

代号	名称	型号	规　格	数量	是否完好

三、评价反馈（见表 4-7）

表 4-7　自动门防夹装置的检查与调整项目评价表

评价项目	评价内容	参考分	评分标准	自评	互评	师评
识读自动门防夹装置	认识自动门防夹装置的结构 了解自动门防夹装置的类型	15	正确认识自动门防夹装置，说出自动门防夹装置的安装位置得 10 分 说出自动门防夹装置的类型得 5 分			
工具准备	操作前将所需工具准备齐全	5	按照操作要求，选对工具及型号得 5 分			
维护与保养	能正确维护与保养自动门防夹装置	60	能利用扳手、螺钉旋具等工具按照操作流程对安全触板进行维护与保养			
课堂纪律	工作页填写情况 回答问题情况 课堂表现	20	工作页填写齐全得 10 分 积极回答问题得 5 分 课堂积极配合，无睡觉、玩手机等行为，得 5 分			
总分			教师签字：			

任务四 消防功能及检修功能的验证

姓名： 　　班级： 　　学号： 　　同组人：

※任务描述※

根据 DB11/418—2007《电梯日常维护保养规则》，电梯要进行半年保养。本次维护与保养的对象为消防与检修功能，维护与保养的内容为消防功能及检修功能的验证。

一、工作准备

想一想

1. 电梯消防开关动作后，电梯应做哪些动作？

2. 电梯检修开关动作后，电梯会怎样？

议一议

电梯检修盒的安装位置有哪些？检修盒内有哪些电气设备？

※任务实施※

分组到实物电梯上验证检修功能和消防功能（见表 4-8）。

表 4-8 验证检修功能和消防功能

动 作 过 程	现 象	如何恢复
电梯上行时，按下消防开关		
电梯正常运行，将检修开关扳到检修位置		
电梯不在平层位置，恢复检修开关		
电梯在平层位置，恢复检修开关		

二、评价反馈（见表4-9）

表4-9　消防功能与检修功能的验证项目评价表

评价项目	评价内容	参考分	评分标准	自评	互评	师评
识读消防功能、检修功能	消防功能、检修功能	20	能说出消防功能和检修功能			
功能验证	消防功能、检修功能的验证	60	能按照操作流程验证消防功能和检修功能			
课堂纪律	工作页填写情况 回答问题情况 课堂表现	20	工作页填写齐全得10分 积极回答问题得5分 课堂积极配合，无睡觉、玩手机等行为，得5分			
总分			教师签字：			

任务一　层门门锁啮合间隙的测量与调整

姓名：　　　　　班级：　　　　　学号：　　　　　同组人：

※任务描述※

根据 DB11/418—2007《电梯日常维护保养规则》，电梯要进行年度保养。本次维护与保养的对象为层门门锁，维护与保养的内容为层门门锁间隙的测量与调整。

写出图 5-1 中层门启闭机构各部分的名称。

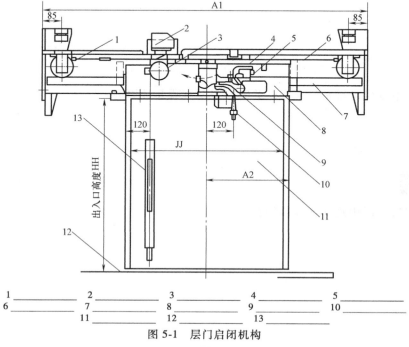

1 _____	2 _____	3 _____	4 _____	5 _____
6 _____	7 _____	8 _____	9 _____	10 _____
11 _____	12 _____	13 _____		

图 5-1　层门启闭机构

一、工作准备

维保要求：

1. 层门机构

1）各层门表面用软布擦净，外观应光洁、无尘和油挂痕，若为不锈钢，应用保养剂涂擦。

2）应用毛刷清扫地坎，保证清洁无杂物。

3）检查各层门时应用手推至开门终端，测试强迫关门装置，应灵活，重锤与滑道应无碰撞声或其他异常声响，如有异常应及时处理。

4）中分式层门关闭时，门缝在整个高度上不大于 2mm；双折式层门装饰板与轿厢壁应平齐，误差小于 2mm，如有超标应及时调整。

5）在层门最不利位置施加外力，中分式门扇之间的间隙不大于 30mm，且无停梯现象。

2. 层门门锁

1）检查层门联锁及辅助触点，应检修运行，每道门动作三次以上，确认可靠，如有异常应立即处理。

2）电气联锁触点应用毛刷和抹布擦净无尘、无油渍，积垢严重时用细砂纸清除。

3）自动门锁各转动部位应注少量机油并擦净，无油挂痕。

4）门锁与门钩啮合量大于 7mm，如有超标应及时调整。

1. 层门门锁的作用是什么？由哪些部分组成？

2. 层门不复位也就是门未完全关闭，主要有哪几种原因？

1. 电梯层门门锁是如何安装的？

2. 国家标准对电梯层门门锁有哪些要求？

※任务实施※

GB 7588—2003 中规定，门锁锁钩的啮合间隙应不小于 7mm。那么如何来测量和调整这个间隙呢？

二、评价反馈（见表 5-1）

表 5-1 层门门锁啮合间隙的测量与调整项目评价表

评价项目	评价内容	参考分	评分标准	自评	互评	师评
识读层门门锁装置	认识层门门锁装置结构 知道层门门锁装置类型	15	正确认识层门门锁装置，说出层门门锁安装的位置得 10 分 说出层门门锁装置的类型得 5 分			
工具准备	操作前将所需工具准备齐全	5	按照操作要求，选对工具及型号得 5 分			
维护与保养	能正确维护与保养层门门锁装置	60	能利用扳手、螺钉旋具等工具，按照操作流程对层门门锁进行维护与保养			
课堂纪律	工作页填写情况 回答问题情况 课堂表现	20	工作页填写齐全得 10 分 积极回答问题得 5 分 课堂积极配合，无睡觉、玩手机等行为，得 5 分			
总分			教师签字：			

任务二 　电梯称量装置的检查与调整

姓名：　　　　　班级：　　　　　学号：　　　　　同组人：

※**任务描述**※

　　根据 DB11/418—2007《电梯日常维护保养规则》，电梯要进行年度保养。本次维护与保养的对象为电梯称量装置，维护与保养的内容为电梯称量装置的检查与调整。

一、工作准备

看一看（见图5-2）

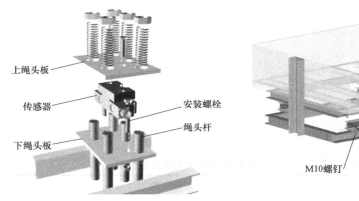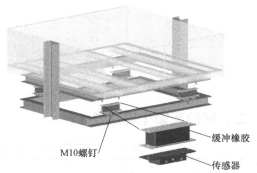

图 5-2　电梯称量装置

读一读

维保要求

1）检查满载、超载等开关，动作应灵活可靠、功能正确，如有异常应及时处理。

2）如有失效、误动作现象，应重新调整称重装置的初始状态。

想一想

1. 什么是电梯称量装置？在电梯运行过程中起什么作用？

2. 电梯称量装置有哪些类型？

1. 电梯称量装置是如何安装的？

2. 国家标准对电梯称量装置有哪些要求？

1. 满载开关用什么验证方法？

2. 超载开关用什么验证方法？

二、评价反馈（见表 5-2）

表 5-2　电梯称量装置的测量与调整项目评价表

评价项目	评价内容	参考分	评分标准	自评	互评	师评
识读电梯称量装置	认识称量装置的结构　知道称量装置的类型	15	正确认识称量装置，说出称量装置安装位置得 10 分　说出称量装置的类型得 5 分			
工具准备	操作前将所需工具准备齐全	5	按照操作要求，选对工具及型号得 5 分			
维护与保养	能正确维护与保养称量装置	60	能利用扳手、螺钉旋具等工具，按照操作流程对称量装置进行维护与保养			
课堂纪律	工作页填写情况　回答问题情况　课堂表现	20	工作页填写全得 10 分　积极回答问题得 5 分　课堂积极配合，无睡觉、玩手机等行为，得 5 分			
总分	教师签字：					

任务三　缓冲器冲程的测量及调整

姓名：　　　　　班级：　　　　　学号：　　　　　同组人：

※任务描述※

根据 DB11/418—2007《电梯日常维护保养规则》，电梯要进行年度保养。本次维护与保养的对象为电梯缓冲器，维护与保养的内容为电梯缓冲器冲程的测量与调整。

写出图 5-3 中缓冲器各部分的名称。

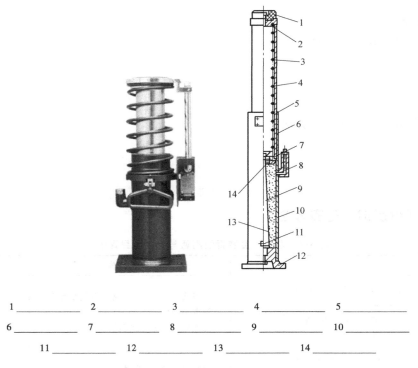

1 _____	2 _____	3 _____	4 _____	5 _____
6 _____	7 _____	8 _____	9 _____	10 _____
11 _____	12 _____	13 _____	14 _____	

图 5-3　油压缓冲器实物及原理图

一、工作准备

读一读

维保要求

1）液压缓冲器的充液量应适当，如有漏油或油量不够，应及时处理或加油。

2）液压缓冲器应固定可靠，无生锈、腐蚀现象。

3）测量对重撞板与缓冲器距离，蓄能型为 200~350mm，耗能型为 150~400mm，距离超标时应及时调整。

想一想

1. 缓冲器的作用是什么？有哪些规格？

2. 我校电梯有哪些形式的缓冲器？

议一议

1. 电梯缓冲器是如何安装的？

2. 国家标准对电梯缓冲器冲程有哪些要求？

3. 该如何测量和调整电梯缓冲器的冲程？

※任务实施※

分组到实物电梯上测量缓冲器冲程并将数据填到表 5-3 中。

表 5-3　缓冲器冲程的测量数据

电梯序号	缓冲器规格	最大冲程	恢复时间

二、评价反馈（见表5-4）

表5-4 缓冲器冲程的测量与调整项目评价表

评价项目	评价内容	参考分	评分标准	自评	互评	师评
识读缓冲器装置	认识缓冲器装置的结构 知道缓冲器装置的类型	15	正确认识缓冲器装置，说出缓冲器装置的安装位置得10分 说出缓冲器装置的类型得5分			
工具准备	操作前将所需工具准备齐全	5	按照操作要求，选对工具及型号得5分			
维护与保养	能正确维护与保养称量装置	60	能利用扳手、螺钉旋具等工具按照操作流程对缓冲器装置进行维护与保养			
课堂纪律	工作页填写情况 回答问题情况 课堂表现	20	工作页填写齐全得10分 积极回答问题得5分 课堂积极配合，无睡觉、玩手机等行为，得5分			
总分			教师签字：			

项目六

电梯维修

任务一　安全回路故障的维修

姓名：　　　　班级：　　　　学号：　　　　同组人：

※任务描述※

　　所谓安全回路，就是在电梯各安全部件都装有一个安全开关，把所有的安全开关串联，控制一只安全继电器。只有在所有安全开关都接通的情况下，安全继电器吸合，电梯才能得电运行。本次任务就是对电梯安全回路常见故障的维修。

一、工作准备

画一画

　　画出电梯安全回路的电路原理图。

1. 安全回路的作用是什么？

2. 安全回路由哪些电气装置组成？各起什么作用？

1. 电梯安全回路有哪些常见故障？都是由什么原因引起的？

2. 如何检查与维修电梯安全回路的故障？

3. 电梯安全回路各部件与电梯的哪部分相关？如何动作？

电梯检修作业记录

记录编号：

工程名称：	电梯编号（梯号）：	记录人：
报修人：	传话日期及时间： 年 月 日 时 分	

传话人所述故障（异常）状态及相关人情况：

故障状态及原因：

检修时间： 年 月 日 时 分	检修人签字
恢复时间： 年 月 日 时 分	

所用配件：

用户签字：	日期： 年 月 日
部门经理签字：	日期： 年 月 日

二、评价反馈（见表6-1）

表6-1　电梯安全回路故障的维修项目评价表

评价项目	评价内容	参考分	评分标准	自评	互评	师评
安全措施	安全措施到位	20	做好安全措施，少做一项，该项即为0分			
安全回路识图	识读电路原理图	20	1）能说出电路图中各部件的安装位置 2）能说明电气装置的国家标准要求			
故障排查	排查电路故障并恢复	40	能利用万用表等工具按照操作流程排查故障			
课堂纪律	工作页填写情况 回答问题情况 课堂表现	20	工作页填写齐全得10分 积极回答问题得5分 课堂积极配合，无睡觉、玩手机等行为，得5分			
总分			教师签字：			

任务二　门锁回路故障的维修

姓名：　　　　　班级：　　　　　学号：　　　　　同组人：

※**任务描述**※

　　为保证电梯必须在全部门关闭后才能运行，在每扇层门及轿门上都装有门电气联锁开关。只有在全部门电气联锁开关接通的情况下，控制屏的门锁继电器方能吸合，电梯才能运行。本次任务就是对电梯门锁常见故障的维修。

一、工作准备

画一画

　　画出电梯门锁回路原理图。

想一想

　　1. 门锁回路的作用是什么？有哪些常见故障？

　　2. 电梯门锁回路的工作原理是什么？

1. 电梯门系统是如何工作的？

2. 国家标准对电梯门锁有哪些要求？

电梯检修作业记录

记录编号：

工程名称：	电梯编号（梯号）：	记录人：
报修人：	传话日期及时间： 年 月 日 时 分	

传话人所述故障（异常）状态及相关人情况：

故障状态及原因：

检修时间： 年 月 日 时 分	检修人签字
恢复时间： 年 月 日 时 分	

所用配件：

用户签字：	日期： 年 月 日
部门经理签字：	日期： 年 月 日

二、评价反馈（见表6-2）

表6-2 门锁回路故障的维修项目评价表

评价项目	评价内容	参考分	评分标准	自评	互评	师评
安全措施	安全措施到位	20	做好安全措施,少做一项,该项即为0分			
门锁回路识图	识读电路原理图	20	1)能说出电路图中各部件的安装位置 2)能说明电气装置的国家标准要求			
故障排查	排查电路故障并恢复	40	能利用万用表等工具按照操作流程排查故障			
课堂纪律	工作页填写情况 回答问题情况 课堂表现	20	工作页填写齐全得10分 积极回答问题得5分 课堂积极配合,无睡觉、玩手机等行为,得5分			
总分			教师签字:			

姓名：　　　　班级：　　　　学号：　　　　同组人：

※任务描述※

当发生电梯困人事故时，电梯维保人员应根据情况，决定是否进行盘车放人。本次任务就是对电梯困人时紧急盘车的学习和锻炼。

一、工作准备

想一想

1. 电梯在什么时候需要盘车？

2. 盘车需要注意什么问题？

3. 电梯怎么盘车省力？为什么？

议一议

电梯紧急救援的具体步骤是什么？

写一写

试写出本校电梯紧急救援演练的程序和计划。

电梯检修作业记录

记录编号：

工程名称：	电梯编号（梯号）：	记录人：
报修人：	传话日期及时间：　年　月　日　时　分	

传话人所述故障（异常）状态及相关人情况：

故障状态及原因：

检修时间：　年　月　日　时　分	检修人签字
恢复时间：　年　月　日　时　分	

所用配件：

用户签字：	日期：　年　月　日
部门经理签字：	日期：　年　月　日

二、评价反馈（见表 6-3）

表 6-3　电梯困人时的紧急盘车项目评价表

评价项目	评价内容	参考分	评分标准	自评	互评	师评
沟通交流	语言表达能力	20	能与被困乘客进行交流，安抚被困乘客			
安全措施	安全措施到位	20	做好安全措施，少做一项，该项即为 0 分			
盘车操作	盘车流程	40	能按照救援步骤进行盘车			
课堂纪律	工作页填写情况 回答问题情况 课堂表现	20	工作页填写齐全得 10 分 积极回答问题得 5 分 课堂积极配合，无睡觉、玩手机等行为，得 5 分			
总分			教师签字：			

任务四　电梯年检的准备

姓名：　　　　　班级：　　　　　学号：　　　　　同组人：

※**任务描述**※

根据 DB11/418—2007《电梯日常维护保养规则》，电梯要进行年检。本次任务就是电梯年检的准备工作。

一、工作准备

想一想

1. 电梯为什么要年检？年检都有什么检查项目？

2. 电梯年检时维保人员需要做什么？

议一议

1. 电梯使用单位在电梯年检时该准备什么？

2. 电梯维保单位在电梯年检时该准备什么？

3. 如果电梯年检不合格应如何处理？

4. 年检自检都需要做哪些工作?

机电类特种设备监督检验申请单

编号:

申请单位	
申请人证照编号	
联系人	联系电话
设备类型	电梯□ 起重机□ 轻小型 □ 索道□ 游乐设施□ 其他□
施工类别	安装□ 改造□ 重大维修□ 定期□
设备地址	
制造单位	
施工(维保)单位	资格证书编号
确认竣工日期	产权(使用)单位(盖章)
上次检验日期	

序号	设备名称	设备注册代码(定期)	数量(台)	型号	提升速度	层站(电梯)起重量(起重机)
备注						

申请人(签章) 年 月 日

二、评价反馈(见表6-4)

表6-4 电梯年检的准备项目评价表

评价项目	评价内容	参考分	评分标准	自评	互评	师评
资料准备	准备年检所需的资料	60	年检资料准备齐全			

评价项目	评价内容	参考分	评分标准	自评	互评	师评
填表	填写年检申请表	20	正确填写年检申请表			
课堂纪律	工作页填写情况 回答问题情况 课堂表现	20	工作页填写齐全得10分 积极回答问题得5分 课堂积极配合,无睡觉、玩手机等行为,得5分			
总分			教师签字:			

项目七

制订维护保养计划

任务　制订维护保养计划

姓名：　　　　　班级：　　　　　学号：　　　　　同组人：

※任务描述※

根据 DB11/418—2007《电梯日常维护保养规则》，电梯维保要制订维护保养计划，本任务就是制订电梯维护保养计划，学习电梯安全管理相关制度。

一、工作准备

想一想

1. 电梯行驶前有哪些检查与准备工作？

2. 电梯行驶中应注意哪些事项？

3. 当电梯出现什么状况，应立即通知维修人员，停用检修？

1. 电梯机房如何管理？

2. 电梯钥匙使用如何管理？

二、计划与实施

根据电梯相关管理制度和实际电梯情况，制订电梯维护保养计划，见表 7-1。

表 7-1　电梯维护保养计划表

序号	保养时间	保养内容	国家标准要求	备　注

三、评价反馈（见表 7-2）

表 7-2　制订维护保养计划项目评价表

评价项目	评价内容	参考分	评分标准	自评	互评	师评
识读管理制度	叙述管理制度	40	能流利叙述电梯机房管理制度等相关管理制度			

评价项目	评价内容	参考分	评分标准	自评	互评	师评
制订维保计划	根据电梯管理制度及实际电梯情况制订维保计划	40	能制订出电梯维保计划			
课堂纪律	工作页填写情况 回答问题情况 课堂表现	20	工作页填写齐全得 10 分 积极回答问题得 5 分 课堂积极配合,无睡觉、玩手机等行为,得 5 分			
总分			教师签字:			